Ali Rezaiguia
Khaled Zennir

Cours d'analyse complexe

Ali Rezaiguia
Khaled Zennir

Cours d'analyse complexe

Sciences fondamentale- Partie I, Cours

Noor Publishing

Imprint
Any brand names and product names mentioned in this book are subject to trademark, brand or patent protection and are trademarks or registered trademarks of their respective holders. The use of brand names, product names, common names, trade names, product descriptions etc. even without a particular marking in this work is in no way to be construed to mean that such names may be regarded as unrestricted in respect of trademark and brand protection legislation and could thus be used by anyone.

Cover image: www.ingimage.com

Publisher:
Noor Publishing
is a trademark of
International Book Market Service Ltd., member of OmniScriptum Publishing Group
17 Meldrum Street, Beau Bassin 71504, Mauritius

Printed at: see last page
ISBN: 978-620-2-35443-1

République Algerienne Démocratique et Populaire
Ministère de l'enseignement Superieur et de la Recherche Scientifiques
Université Mohamed-Chérif Messaadia, Souk Ahras

A. Rezaiguia et Kh. Zennir

TABLE DES MATIÈRES

Introduction

Ce livre est une leçon d'analyse complexe présentée aux étudiants de deuxième année en sciences fondamentale et sciences de la technologies à l'Université de Mohammed Cherif Messaadia à Souk Ahras, Algerie, depuis 2013 jusqu' à 2018 de manière simple et claire, pour que nos chers étudiants puissent comprendre les concepts et les bases de cette matière.

Nous tenons à remercier le Dr Zennir Khaled, professeur à l'Université Qassim, Arabie Saoudite pour revoir ce livre.

Ce livre contient cinque chapitres qui sont présentés ci-dessous.

Chapitre 1 : Fonctions holomorphes, Conditions de Cauchy-Riemann

Fonction à variable complexe, Définition et Exemples, Limite d'une fonction complexe, Continuité d'une fonction complexe, Fonctions holomorphes, Propriétés des fonctions dérivables, Conditions de Cauchy-Riemann, Fonctions analytiques, Fonctions Spéciales, Fonctions uniformes, Fonctions multiformes.

Chapitre2 : Séries entières

Rayon de convergence, Domaine de convergence, Développement en séries entières.

Chapitre 3 :Théorie de Cauchy

Régions simplement connexe, Théorème de Cauchy, Formule intégrale de Cauchy, Le dérivé d'une fonction analytique.

Chapitre 4 : Application

Equivalence entre holomorphie et Analycité, Théorème de maximum. Théoreme de Liouville. Théoreme de Rouché, Théoreme de Résidus. Calcul d'integrales par la méthode des Résidus.

Chapitre 5 : Fonctions Harmoniques

Quelques propriétés de base des fonctions harmoniques.

Finalement, nous espérons que nos étudiants bénéficieront de ce livre.

CHAPITRE 1

Fonctions holomorphes, Conditions de Cauchy-Riemann

1.1 Fonction à variable complexe

1.1.1 Définition et Exemples

Définition 1.1.1 *Soit D un ensemble de nombres complexes dans $Z-$plan. Une association qui à chaque élément de D associe un nombre complexe dans $W-$plan est appelé une fonction complexe. Nous dénotons une telle fonction par des symboles comme*

$$f : D \to \mathbb{C}.$$

Si z est un élément de D, nous écrivons l'association de la valeur $f(z)$ à z par

$$z \to f(z).$$

Nous pouvons écrire

$$f(z) = u(z) + iv(z),$$

où $u(z)$ et $v(z)$ sont des nombres réels, et donc

$$\begin{aligned} z &\to u(z), \\ z &\to v(z) \end{aligned}$$

sont des fonctions réelles. Nous appelons u la partie réelle de f, et v la partie imaginaire de f. Nous écrirons

$$z = x + iy,$$

où x, y sont réels. Ensuite, les valeurs de la fonction f peuvent être écrites dans la forme

$$f(z) = f(x + iy) = u(x, y) + iv(x, y),$$

où u, v en fonction des deux variables réelles x et y.

L'ensemble D est appelé le domaine de définition de la fonction f.

Exemple 1.1.1 *Pour la fonction*

$$f(z) = x^3y + i\sin(x + y),$$

nous avons la partie réelle,

$$u(x, y) = x^3y,$$

et la partie imaginaire,

$$v(x, y) = \sin(x + y).$$

Exemple 1.1.2 . *Soit n un entier positif. La fonction puissance,*

$$f(z) = z^n.$$

Ensuite, en coordonnées polaires, on peut écrire $z = re^{i\theta}$, *et donc*

$$f(z) = r"e^{in\theta} = r"(\cos n\theta + i\sin n\theta).$$

Pour cette fonction, la partie réelle est $\underbrace{r"\cos n\theta}$, *et la partie imaginaire est* $\underbrace{r"\sin n\theta}$.

Exemple 1.1.3 *Le domaine de définition de la fonction* $f(z) = \frac{z+3}{z^2+1}$ *est* $\mathbb{C}\setminus\{i, -i\}$.

1.1.2 Limite d'une fonction complexe

Définition 1.1.2 *Soit z_0 un nombre complexe. Le disque ouvert de rayon $r > 0$ centré en z_0 c'est l'ensemble des nombres complexes z tels que*

$$|z - z_0| < r.$$

Pour le disque fermé, nous utilisons la condition $|z - z_0| \leq r$. On note par $D(z_0, r)$ le disque ouvert, et le disque fermé par $\overline{D}(z_0, r)$.

Définition 1.1.3 *Soit O un sous-ensemble du plan complexe. Nous disons que O est ouvert si pour chaque point z dans O il y a un disque ouvert $D(z_0, r)$ contenu dans O.*

Exemple 1.1.4 *L'ensemble $A = \{z \in \mathbb{C} : \text{Re}(z) > 0 \text{ et } \text{Im}(z) > 0\}$ est un ouvert dns le plan complexe $\mathbb{C}$.*

Définition 1.1.4 *On dit qu'un ensemble B est borné s'il existe un nombre $C > 0$ tel que*

$$|z| \leq C, \text{ pour tout } z \text{ dans } B.$$

Exemple 1.1.5 *L'ensemble $B = \{z \in \mathbb{C} : |z - 1| < 1\}$ est borné, prondre par exemple $C = 2$.*

Exemple 1.1.6 *L'ensemble A dans l'exemple 1.1.4 précident n'est pas borné.*

Le concept de limite d'une fonction complexe est analogue à celui de limite d'une fonction réelle. Nous définissons ce concept ci-dessous.

Définition 1.1.5 *Soit $w = f(z)$ défini dans l'ensemble de points D et z_0 soit un point limite de D. L'énoncé mathématique*

$$\lim_{z \to z_0} f(z) = L, \ z \in D,$$

c-à-d, pour toute $\epsilon > 0$, il existe $\delta > 0$ (généralement dépendant de ϵ) tel que

$$\text{si } |z - z_0| < \delta \text{ alors } |f(z) - L| < \epsilon.$$

La définition de la limite, signifie que la valeur $w = f(z)$ peut être arbitrairement proche de L si on choisit z pour être assez proche, mais pas égal, à z_0.

Remarque 1.1.1 *1- La fonction $f(z)$ n'a pas besoin d'être définie en z_0 pour que la fonction ait une limite à z_0.*

2- La limite L, si elle existe, doit être unique.

3- La valeur de L est indépendante de la direction selon laquelle z s'approche de z_0.

Exemple 1.1.7 *Soit D l'ensemble des points où $\frac{\sin z}{z}$ est défini. On peut montrer que*

$$\lim_{z\to 0}\frac{\sin z}{z}=1.$$

Définition 1.1.6 *La fonction $\frac{\sin z}{z}$ n'est pas définie à $z_0=0$. Notons que $z=0$ est un point limite de D. Ici, D est en faite $\mathbb{C}\backslash\{0\}$.*

Exemple 1.1.8 *Preuver que $\lim\limits_{z\to i} z^2=-1$.*
Nous montrons que pour $\epsilon>0$ donné , il y a un nombre positif δ tel que

$$\left|z^2-(-1)\right|<\epsilon \quad \text{n'importe quand } |z-i|<\delta$$

comme $z^2-(-1)=(z-i)(z+i)=(z-i)(z-i+2i)$, il résulte de l'inégalité du triangle

$$\left|z^2-(-1)\right|=|z-i|\,|z-i+2i|\leq|z-i|\,(|z-i|+2)\,. \tag{1}$$

Pour assurer que le membre gauche de (1) est inférieur à ϵ, il suffit que z se trouve dans un disque ouvert de centre i et de rayon δ, où $\delta=\min(1,\frac{\epsilon}{3})$.
Si oui, alors

$$|z-i|\,(|z-i|+2)\leq\frac{\epsilon}{3}\,(1+2)=\epsilon.$$

Quelques propriétés de la limite d'une fonction

Exemple 1.1.9 *Si $L=\alpha+i\beta$, $f(z)=u(x,y)+iv(x,y)$, $z=x+iy$ and $z_0=x_0+iy_0$, alors*

$$|u(x,y)\ -\ \alpha|\ \leq|f(z)\ -\ L|\ \leq|u(x,y)\ -\ \alpha|\ +|v(x,y)\ -\ \beta|,$$

$$|v(x,y)\ -\ \beta|\ \leq|f(z)\ -L|\ \leq|u(x,y)\ -\ \alpha|\ +|v(x,y)\ -\ \beta|.$$

Théorème 1.1.1 *Nous avons* $\lim_{z\to z_0} f(z) = L$ *est équivalent à les deux limites suivante*

$$\lim_{(x,y)\to(x_0,y_0)} u(x,y) = \alpha,$$

$$\lim_{(x,y)\to(x_0,y_0)} v(x,y) = \beta.$$

Donc, l'étude du comportement, limit de $f(z)$ est équivalente à celle d'une limite des fonctions $u(x,y)$ et $v(x,y)$ à deux variables réelles x et y .

Par conséquent, les théorèmes concernant la limite et la continuité de la somme, de la différence, du produit et du quotient des fonctions complexes peuvent être déduits de ceux pour les fonctions réelles.

Théorème 1.1.2 *Supposons que,* $\lim_{z\to z_0} f_1(z) = L_1$ *et* $\lim_{z\to z_0} f_2(z) = L_2$*, alors*

$$\begin{aligned}\lim_{z\to z_0} [f_1(z) \pm f_2(z)] &= L_1 \pm L_2,\\ \lim_{z\to z_0} f_1(z)f_2(z) &= L_1L_2,\\ \lim_{z\to z_0} \frac{f_1(z)}{f_2(z)} &= \frac{L_1}{L_2}, \quad L_2 \neq 0.\end{aligned}$$

La définition de la limite est maintenue même lorsque Z_0 où L est le point à l'infini. Nous pouvons simplement remplacer le voisinage correspondant de z0 ou L par le voisinage de ∞.

Corollaire 1.1.1 *alors* $\lim_{z\to\infty} f(z) = L$ *est donné par,* $\forall\ \epsilon > 0$*, il existe* $\delta(\epsilon) > 0$ *tel que*

$$si\ |z| > \frac{1}{\delta}\ alors\ |f(z) - L| < \epsilon.$$

Si z_0 *et* w_0 *sont des points dans le plan* Z *et le plan* W*, respectivement, alors*

Théorème 1.1.3 **i** $\lim_{z\to z_0} f(z) = \infty$ *si et seulement si* $\lim_{z\to z_0} \frac{1}{f(z)} = 0.$

ii $\lim_{z\to\infty} f(z) = w_0$ *si et seulement si* $\lim_{z\to 0} f\left(\frac{1}{z}\right) = w_0.$

Théorème 1.1.4 $\lim_{z\to -1} \frac{iz+3}{z+1} = \infty$ *car* $\lim_{z\to -1} \frac{z+1}{iz+3} = 0.$ *et* $\lim_{z\to\infty} \frac{2z+i}{z+1} = 2$ *car* $\lim_{z\to 0} \frac{\frac{2}{z}+i}{\frac{1}{z}+1} = \lim_{z\to 0} \frac{2+iz}{1+z} = 2.$

1.1.3 Continuité d'une fonction complexe

La continuité d'une fonction complexe est définie de la même manière comme celle de la fonction réelle.

La fonction complexe $f(z)$ est dite continue à z_0 si

$$\lim_{z \to z_0} f(z) = f(z_0).$$

c-à-d, pour toute $\epsilon > 0$, il existe $\delta > 0$ (généralement dépendant de ϵ) tel que

$$\text{si } |z - z_0| < \delta \text{ alors } |f(z) - f(z_0)| < \epsilon.$$

Remarque 1.1.2 *L'existence de* $\lim_{z \to z_0} f(z)$ *et* $f(z_0)$ *sont nécessaire pour l'etude de la contnuité.*

Exemple 1.1.10 *Discutons la continuité des fonctions suivantes en* $z = 0$.

a) $f(z) = \frac{\text{Im}(z)}{1+|z|}$,

b) $g(z) = \begin{cases} 0 & ,z = 0 \\ \frac{\text{Re}(z)}{|z|} & ,z \neq 0 \end{cases}$

* *Soit* $z = x + iy$ *alors* $f(z) = \frac{y}{1+\sqrt{x^2+y^2}}$.

Alors $\lim_{z \to 0} f(z) = \lim_{(x,y) \to (0,0)} \frac{y}{1+\sqrt{x^2+y^2}} = 0 = f(0)$. *Donc,* $f(z)$ *est continue à* $z = 0$.

** *Soit* $z = x + iy$ *alors* $\frac{\text{Re}(z)}{|z|} = \frac{x}{\sqrt{x^2+y^2}}$,

Supposons que z *se rapproche de* 0 *le long de la demi-droite* $y = mx$ $(x > 0)$, *alors*

$\lim_{z \to 0} \frac{\text{Re}(z)}{|z|} = \lim_{(x,y) \to (0,0)} \frac{x}{\sqrt{x^2+(mx)^2}} = \frac{1}{\sqrt{1+m^2}}$.

Puisque la limite dépend de m, $\lim_{z \to 0} g(z)$ *n'existe pas. Donc* $f(z)$ *ne peut pas être continue à* $z = 0$.

Propriétés des fonctions continues

- Une fonction complexe est dite continue dans une région R si elle est continu à tous les points de R.

•• Puisque la continuité d'une fonction complexe est définie en utilisant le concepte des limites, on peut montrer que

$\lim_{z\to z_0} f(z) = f(z_0)$ est équivalent à

$$\lim_{(x,y)\to(x_0,y_0)} u(x,y) = u(x_0,y_0) ,$$

$$\lim_{(x,y)\to(x_0,y_0)} v(x,y) = v(x_0,y_0) .$$

Par exemple, considérez $f(z) = e^z$; ses parties réelles et imaginaires sont, respectivement, $u(x,y) = e^x \cos y$ et $v(x,y) = e^x \sin y$. Puisque à la fois les deux fonctions $u(x,y)$ et $v(x,y)$ sont continus à tout (x_0, y_0), nous concluons que e^z est continu à tout point $z_0 = x_0 + iy_0$ sur $\mathbb{C}$.

⋆ Des exemples de fonctions continues sur $\mathbb{C}$ sont des polynômes, fonctions exponentiels et fonctions trigonométriques.

⋆⋆ La somme, la différence, le produit et le quotient des fonctions continues restent toujours continues.

La continuité uniforme

Supposons que $f(z)$ est continue dans une région R, alors par hypothèse, à chaque point z_0 dans R et pour tout $\epsilon > 0$, on peut trouver $\delta > 0$ tel que$|f(z) - f(z_0)| < \epsilon$ quand $|z - z_0| < \delta$. Généralement, δ dépend de ϵ et z_0. Si on peut trouver une seule valeur de δ pour chaque ϵ, indépendante de z_0 choisie dans R, on dit que $f(z)$ est uniformément continue dans la région R.

Exemple 1.1.11 *Démontrons $f(z) = z^2$, est uniformément continue dans la région $|z| \leq r$, avec r est fini.*

Nous devons montrer que, pour tout $\epsilon > 0$, on peut trouver $\delta > 0$ tel que$|z^2 - z_0^2| < \epsilon$ quand $|z - z_0| < \delta$, où δ ne dépend que de ϵ et non pour le point particulier z_0 de la région $|z| \leq r$. Si z et z_0 sont des points dans $|z| \leq r$, alors

$$|z^2 - z_0^2| = |z + z_0| |z - z_0| \leq (|z| + |z_0|) |z - z_0| < 2r |z - z_0| .$$

Donc si, $|z - z_0| < \delta$, alors $|z^2 - z_0^2| < 2r\delta$, On choisi $\delta = \frac{\epsilon}{2r}$, nous trouvos que $|z^2 - z_0^2| < \epsilon$. Comme δ ne dépent que de ϵ, alors $f(z) = z^2$ est uniformément continu dans cette région.

Exemple 1.1.12 *Démontrons $f(z) = \frac{1}{z}$, est uniformément continue dans la région $0 < |z| \leq 1$.*

Etant donné $\delta > 0$, soit z_0 et $z_0 + \xi$ soit deux points quelconques de cette région, tel que

$$|z_0 + \xi - z_0| = |\xi| = \delta$$

alors

$$|f(z_0 + \xi) - f(z_0)| = \left|\frac{1}{z_0 + \xi} - \frac{1}{z_0}\right| = \frac{|\xi|}{|z_0|\,|z_0 + \xi|} = \frac{\delta}{|z_0|\,|z_0 + \xi|}$$

peut être plus grande que tout nombre positif si en choisissant z_0 suffisamment proche de 0. Par conséquent, la fonction ne peut pas être uniformément continue dans cette région.

1.2 Fonctions holomorphes

Définitions et propriétés

Dans la suite D, W désignent deux ouverts de $\mathbb{C}$.

Définition 1.2.1 *Soit la fonction complexe $f(z)$ à valeur unique au voisinage d'un point z_0. La dérivée de $f(z)$ à z_0 est définie par*

$$\begin{aligned} \frac{df}{dz}(z_0) &= \lim_{z \to z_0} \frac{f(z) - f(z_0)}{z - z_0} \\ &= \lim_{h \to 0} \frac{f(z_0 + h) - f(z_0)}{h}, \quad h = z - z_0 \end{aligned}$$

Remarque 1.2.1 • *L'existence de la dérivée d'une fonction complexe à un point implique la continuité de la fonction au même point.*

• *Il peut arriver qu'une fonction complexe est différentiable à un point donné mais pas dans n'importe quel voisinage de ce point.*

Exemple 1.2.1 *Montrons que les fonctions $\overline{z}$ et $\operatorname{Re}(z)$ ne sont pas différentiables pour tout z dans $\mathbb{C}$, alors que $|z|^2$ est différentiable seulement à $z = 0$.*
En effait $\frac{d}{dz}\overline{z} = \lim\limits_{h \to 0} \frac{\overline{z+h} - \overline{z}}{h} = \lim\limits_{h \to 0} \frac{\overline{h}}{h}$ n'existe pas. Donc $\overline{z}$ n'est pas différentiable.
De même $\frac{d}{dz}\operatorname{Re}(z) = \frac{d}{dz}\frac{1}{2}(z + \overline{z}) = \frac{1}{2}\lim\limits_{h \to 0} \frac{(z+\overline{z}+h+\overline{h}) - (z+\overline{z})}{h} = \frac{1}{2} + \lim\limits_{h \to 0} \frac{\overline{h}}{h}$ n'existe pas. Donc $\operatorname{Re}(z)$ n'est pas différentiable.

Enfin, la dérivée de $|z|^2$ *est donnée par*

$$\begin{aligned}\frac{d}{dz}|z|^2 &= \lim_{h\to 0}\frac{|z+h|^2-|z|^2}{h}\\ &= \lim_{h\to 0}\frac{(z+h)\overline{(z+h)}-z\overline{z}}{h}\\ &= \lim_{h\to 0}\left(\overline{h}+\overline{z}+z\frac{\overline{h}}{h}\right).\end{aligned}$$

La limite ci-dessus n'existe que lorsque $z=0$, *c'est-à-dire que* $|z|^2$ *n'est différentiable qu'à* $z=0$.

Définition 1.2.2 *Une fonction* $f : D \to \mathbb{C}$ *est dite holomorphe sur* D, *et on note* $f \in \mathcal{H}(D)$ *si* f *est dérivable en tout point de* D.

Exemple 1.2.2 *Soit* $f(z) = \sum\limits_{n\geq 0} a_n (z-z_0)^n$ *une série entière de rayon de convergence* $0 < R \leq +\infty$ *alors* $f \in \mathcal{H}(D(z_0,R))$ *et on a* $f'(z) = \sum\limits_{n\geq 0} na_n (z-z_0)^{n-1}$.

1.2.1 Propriétés des fonctions dérivables

Soit, $z_0 \in D$ et $f,g : D \to \mathbb{C}$ dérivables en z_0. Alors

a) $f+\lambda g$ est dérivable en z_0 et on a $(f+\lambda g)'(z_0) = f'(z_0)+\lambda g'(z_0)$ pour tout $\lambda \in \mathbb{C}$.

b) $f.g$ est dérivable en z_0 et on a $(f.g)'(z_0) = f'(z_0)g(z_0)+f(z_0)g'(z_0)$.

c) Si $f(z_0) \neq 0$ alors $\frac{1}{f}$est dérivable en z_0 et on a $\left(\frac{1}{f}\right)'(z_0) = -\frac{f'(z_0)}{[f(z_0)]^2}$.

Théorème 1.2.1 *Soit* f *une fonction holomorphe sur un domaine* D *de* $\mathbb{C}$. *Alors les assertions suivantes sont équivalentes :*

1. f *est constante sur* D.

2. $\mathrm{Re}(f)$ *est constante sur* D.

3. $\mathrm{Im}(f)$ *est constante sur* D.

4. $|f|$ *est constante sur* D.

5. $\overline{f}$ *est holomorphe sur* D.

6. $f(D)$ *est inclue dans une droite.*

Proposition 1.2.1 *Soit $f : D \to W$ une fonction fonction bijective continue sur D et dérivable en $z_0 \in D$ tel que $f'(z_0) \neq 0$. Alors la fonction réciproque de f, est dérivable en $w_0 = f(z_0)$ et continue en w_0 et on a dans ce cas*

$$g'(w_0) = \frac{1}{f'(z_0)}.$$

Proposition 1.2.2 *Soit $f : D \to W$ une fonction dérivable en $z_0 \in \mathbb{C}$ et $g : W \to \mathbb{C}$ une fonction dérivable en $f(z_0)$ alors $g \circ f$ est dérivable en z_0 et on a*

$$(g \circ f)'(z_0) = g'(f(z_0)).f'(z_0).$$

1.2.2 Conditions de Cauchy-Riemann

Théorème 1.2.2 *Etant donné $f(z) = u(x, y) + iv(x, y)$, $z_0 = x_0 + iy_0$, et supposons que*

1-

$$\begin{aligned} \frac{\partial u}{\partial x}(x_0, y_0) &= \frac{\partial v}{\partial y}(x_0, y_0) \\ \frac{\partial u}{\partial y}(x_0, y_0) &= -\frac{\partial v}{\partial x}(x_0, y_0) \end{aligned}$$

2- u_x, u_y, v_x, v_y sont tous continues à (x_0, y_0).

Alors, $f'(z_0)$ existe et il est donné par

$$\begin{aligned} f'(z_0) &= \frac{\partial u}{\partial x}(x_0, y_0) + i\frac{\partial v}{\partial x}(x_0, y_0) \\ &= \frac{\partial v}{\partial y}(x_0, y_0) - i\frac{\partial u}{\partial y}(x_0, y_0) \\ &= \frac{\partial u}{\partial x}(x_0, y_0) - i\frac{\partial u}{\partial y}(x_0, y_0) \\ &= \frac{\partial v}{\partial y}(x_0, y_0) + i\frac{\partial v}{\partial x}(x_0, y_0) \end{aligned}$$

Exemple 1.2.3 *Soit la fonction $f(z) = z^2$, on a*

$$f(z) = f(x + iy) = x^2 - y^2 + 2ixy,$$

alors $u(x,y) = x^2 - y^2$, *et* $v(x,y) = 2xy$, *donc*

$$\begin{aligned} u_x &= 2x = v_y \\ u_y &= -2y = -v_x. \end{aligned}$$

On remarque que u_x, u_y, v_x, v_y *sont tous continues et vérifies les conditions de Cauchy-Riemann au point* $z = 0$. *Et*

$$\begin{aligned} f'(z_0) &= \frac{\partial u}{\partial x}(x_0, y_0) + i\frac{\partial v}{\partial x}(x_0, y_0), \\ &= 2x_0 + i2y_0, \\ &= 2z_0. \end{aligned}$$

.

Exemple 1.2.4 *Discutons de la différentiabilité de la fonction* $f(z) = \sqrt{|xy|}$ *en* $z = 0$.
On a, $f(x+iy) = u(x,y) + iv(x,y)$ *tel que*

$$u(x,y) = \sqrt{|xy|}, \text{ et } v(x,y) = 0,$$

alors

$$\begin{aligned} u_x(0,0) &= v_y(0,0) = 0 \\ u_y(0,0) &= -v_x(0,0) = 0, \end{aligned}$$

donc les relations de Cauchy-Riemann sont satisfaites au point $(0,0)$.
d'autre part

$$\lim_{h\to 0} \frac{f(h) - f(0)}{h} = \lim_{\substack{h_1 \to 0 \\ h_2 \to 0}} \frac{\sqrt{|h_1 h_2|}}{h_1 + ih_2}.$$

Si $h_2 = 0$ *et* $h_1 \neq 0$, *alors* $\lim\limits_{h\to 0} \frac{f(h)-f(0)}{h} = 0$,
Si $h_2 = h_1 \neq 0$, *alors* $\lim\limits_{h\to 0} \frac{f(h)-f(0)}{h} = \lim\limits_{h_1\to 0} \frac{|h_1|}{h_1(1+i)} = \pm\frac{1}{1+i}$.
Comme la limite n'est pas unique, alors $f(z) = \sqrt{|xy|}$ *n'est pas dérivable en* $z = 0$.

1.2.3 Fonctions analytiques

Définition 1.2.3 *$f(z)$ est analytique si et seulement s'il existe un ouvert $D(z_0, \epsilon)$, $\epsilon > 0$, tel que $f'(z)$ existe pour tout $z \in D(z_0, \epsilon)$.*

Exemple 1.2.5 $f(z) = z$,

Remarque 1.2.2 *L'analyticité à z_0 implique la différentiabilité à z_0, la réciproque est n'est pas vrai, c'est-à-dire que la différentiabilité de $f(z)$ en z_0 ne garantit pas l'analyticité de $f(z)$ en z_0.*

Exemple 1.2.6 *On a vu que la fonction $|z|^2$ est différentiable seulement à $z = 0$, donc n'est pas analytique à cette point.*

Théorème 1.2.3 Exemple 1.2.7 *Etant donné $f(z) = u(x, y) + iv(x, y)$, une fonction définie uniforme sur D, alors f est analytique sur $D \Leftrightarrow u_x$, u_y, v_x, v_y sont éxistes et continues sur D, et*

$$\begin{aligned} \frac{\partial u}{\partial x}(x, y) &= \frac{\partial v}{\partial y}(x, y) \qquad , \forall z = x + iy \in D \\ \frac{\partial u}{\partial y}(x, y) &= -\frac{\partial v}{\partial x}(x, y). \end{aligned}$$

Remarque 1.2.3 *Const $\neq f$ est analytique $\Longrightarrow \overline{f}$ n'est pas analytique.*

1.3 Fonctions Spéciales

1.3.1 Fonctions uniformes

Définition 1.3.1 *Si l'image par la fonction f pour chaque valeur de z_0 dans $Z-$plan une seule valeur w_0, cette fonction est dite uniforme.*

Fonction exponentielle

Définition 1.3.2 *La fonction exponentielle à variable complexe est définie par la formule suivante :*

$$\exp z = e^z = e^x (\cos y + i \sin y), \; z = x + iy \in \mathbb{C}.$$

Proposition 1.3.1 • *La fonction exponentielle à variable complexe est analytique sur* $\mathbb{C}$, *et on a*

$$(\exp z)' = \exp z, \ \forall z \in \mathbb{C}.$$

• *Pour que* $z = x \in \mathbb{R}$, *La fonction exponentielle à variable complexe coincide avec la fonction exponentielle à variable réelle* $\exp x = e^x$.

• $Exp(z) \neq 0, \forall z \in \mathbb{C}$, *et on a*

$$\begin{aligned} |\exp z| &= e^x, \\ \arg(\exp z) &= y + 2k\pi, \ k \in \mathbb{Z}. \end{aligned}$$

• $Exp(z_1 + z_2) = \exp(z_1) . \exp(z_2), \ \forall z_1 \in \mathbb{C}, \forall z_2 \in \mathbb{C}.$

• *La fonction exponentielle à variable complexe est périodique de période* $2\pi i$,

$$Exp(z + 2\pi i) = \exp z, \ \forall z \in \mathbb{C}.$$

• *La fonction exponentielle à variable complexe est injective sur* D *si et seulement si : n'existe ni* z_1, *ni* z_2 *de* D *vérifiant*

$$z_1 - z_2 = 2k\pi i, \ k \in \mathbb{Z}^*.$$

Exemple 1.3.1 *La fonction* e^z *est injective sur chaque domaine* D, *de la forme*

$$D = \{z \in \mathbb{C} : \alpha < z < \alpha + 2\pi, \ \alpha \in \mathbb{R}\}.$$

Proposition 1.3.2 *L'expression* e^{∞}, *n'a pas de sens, car* $\lim_{z \to \infty} e^z$ *n'existe pas.*

Fonctions trigonométriques

1) On défini les fonction $\sin z$ et $\cos z$, comme suite

$$\cos z = \frac{e^{iz} + e^{-iz}}{2} \quad \text{et} \quad \sin z = \frac{e^{iz} - e^{-iz}}{2i}.$$

2) D'aprés la définition, nous concluons que $\sin z$ et $\cos z$ sont définies et anlytiques sur $\mathbb{C}$, et on a

$$(\cos z)' = -\sin z \quad \text{et} \quad (\sin z)' = \cos z, \ \forall z \in \mathbb{C}.$$

3) Les équations $\cos z = \alpha, \ \sin z = \beta, \forall \alpha, \beta \in \mathbb{C}$ ont des solutions.

Exemple 1.3.2 *Résoudre l'équation :* $\cos z = 4$,

On a,

$$\begin{aligned}
\cos z &= \frac{e^{iz}+e^{-iz}}{2} = 4 \Longleftrightarrow e^{iz}+e^{-iz}=4 \\
&\Leftrightarrow \left\{\begin{array}{c} w = e^{iz} \\ w^2-8w+1=0 \end{array}\right. \\
&\Leftrightarrow \left\{\begin{array}{l} e^{iz_1} = 4+\sqrt{15} \\ e^{iz_2} = 4-\sqrt{15} \end{array}\right. \\
&\Leftrightarrow \left\{\begin{array}{l} e^{iz_1} = e^{\ln\left(4+\sqrt{15}\right)+2k\pi i} \\ e^{iz_2} = e^{\ln\left(4-\sqrt{15}\right)+2k\pi i} \end{array}\right., k \in \mathbb{Z} \\
&\Leftrightarrow \left\{\begin{array}{l} z_1 = 2k\pi - \ln\left(4+\sqrt{15}\right) \\ z_2 = 2k\pi - \ln\left(4-\sqrt{15}\right) \end{array}\right., k \in \mathbb{Z} \\
&\Leftrightarrow z = k\pi - \ln\left(4 \pm \sqrt{15}\right), \ k \in \mathbb{Z}.
\end{aligned}$$

4) Toutes les propriétés des fonctions trigonométriques réelles sont encore valables dans le cas complexe, c-à-d :

$$\begin{aligned}
\sin^2 z + \cos^2 z &= 1 \\
\sin(z_1 \pm z_2) &= \sin z_1 \cos z_2 \pm \cos z_1 \sin z_2 \\
\cos(z_1 \pm z_2) &= \cos z_1 \cos z_2 \mp \sin z_1 \sin z_2
\end{aligned}$$

$$\begin{aligned}
\sin(z+2\pi) &= \sin z \\
\cos(z+2\pi) &= \cos z
\end{aligned}$$

Nous concluons que les fonctions $\sin z, \cos z$ sont périodiques de période 2π.

5) La fonction $\cos z$ est paire c-à-d $\cos(-z) = \cos z$, et la fonction $\sin z$ est impaire c-à-d $\sin(-z) = -\sin z$.

6) On à :

$$\begin{aligned}
\cos(x+iy) &= \cos x.ch(y) - i \sin x.sh(y), \forall z = x+iy \in \mathbb{C}, \\
\sin(x+iy) &= \sin x.ch(y) + i \cos x.sh(y), \forall z = x+iy \in \mathbb{C}.
\end{aligned}$$

7) Pou tous $z = x + iy \in \mathbb{C}$,

$$\begin{aligned}
|sh(y)| &\leq |\sin z| \leq ch(y), \\
|sh(y)| &\leq |\cos z| \leq ch(y), \\
|\sin z| &\sim \frac{1}{2}e^{|y|} \ (y \to \infty), |\cos z| \sim \frac{1}{2}e^{|y|} \ (y \to \infty).
\end{aligned}$$

Donc, les fonctions $\sin z, \cos z$ ne sont pas bornées sur $\mathbb{C}$.

8)

$$\begin{aligned}
\sin z &= 0 \Longleftrightarrow z = k\pi, \ k \in \mathbb{Z}. \\
\cos z &= 0 \Longleftrightarrow z = \frac{\pi}{2} + k\pi, \ k \in \mathbb{Z}.
\end{aligned}$$

9) On défini les fonctions $tg(z)$ et $ctg(z)$ par

$$tg(z) = \frac{\sin z}{\cos z}, \text{et } ctg(z) = \frac{\cos z}{\sin z}.$$

La fonction $tg(z)$ est définie et analytique sur l'ensemble : $\mathbb{C} \backslash \left\{ z = \frac{\pi}{2} + k\pi, \ k \in \mathbb{Z} \right\}$,

La fonction $ctg(z)$ est définie et analytique sur l'ensemble : $\mathbb{C} \backslash \{ z = k\pi, \ k \in \mathbb{Z} \}$.

Fonctions hyperboliques

1) On défini les fonction $sh(z)$ et $ch(z)$, comme suite

$$ch(z) = \frac{e^z + e^{-z}}{2} \quad \text{et} \quad sh(z) = \frac{e^z - e^{-z}}{2}.$$

2) Ces deux fonctions $sh(z)$ et $ch(z)$, sont définies et anlytiques sur $\mathbb{C}$.

3) On a,

$$ch(iz) = \cos z \quad \text{et} \quad sh(iz) = i \sin z.$$

4) On a aussi,

$$\begin{aligned}
sh(z) &= 0 \Longleftrightarrow z = k\pi i, \ k \in \mathbb{Z}. \\
ch(z) &= 0 \Longleftrightarrow z = \left(\frac{\pi}{2} + k\pi\right) i, \ k \in \mathbb{Z}.
\end{aligned}$$

5) Les fonctions, $th(z)$ et $cth(z)$, sont définies par les formules suivantes :

$$th(z) = \frac{sh(z)}{ch(z)}, \text{ et } cth(z) = \frac{ch(z)}{sh(z)}.$$

La fonction $th(z)$ est définie et analytique sur l'ensemble : $\mathbb{C} \backslash \left\{ z = \left(\frac{\pi}{2} + k\pi\right) i,, \ k \in \mathbb{Z} \right\}$,

La fonction $cth(z)$ est définie et analytique sur l'ensemble : $\mathbb{C} \backslash \{ z = k\pi i, \ k \in \mathbb{Z} \}$.

1.3.2 Fonctions multiformes

Définition 1.3.3 *Si pour chaque valeur de z_0 dans $z-$plan, donne plusieur valeur w_0 par la fonction f, alors cette fonction est dite multiforme.*

Fonction racine n-eme

1) Etant donné un nombre complexe w, et un nombre entier strictementpositive. Soit l'équation

$$w = z^n \tag{1}$$

On pose $w = \rho e^{i(\theta + 2k\pi)}$, $k \in \mathbb{Z}$, alors

$$z = w^{\frac{1}{n}} = \rho^{\frac{1}{n}} \left(\cos\left(\frac{\theta + 2k\pi}{n}\right) + i \sin\left(\frac{\theta + 2k\pi}{n}\right) \right) \quad \text{avec } k \in \mathbb{Z}. \tag{2}$$

2) La formule (2) indique que l'éuation de la racine n-eme est fonction multiforme.

Fonction logarithmique

1) Soit z un nombre complexe $(z \neq 0, z \neq \infty)$, on cherche un nobmre complexe w qui vérifi l'équation suivante :

$$e^w = z \tag{3}$$

on pose $w = u + iv$ et $(|z| = r, \arg(z) = \theta)$, $z = re^{i\theta}$, donc

$$e^{u+iv} = re^{i\theta} \Longrightarrow \left\{ \begin{array}{c} e^u = r \\ v = \theta + 2k\pi, \ k \in \mathbb{Z} \end{array} \right. \Longrightarrow \left\{ \begin{array}{c} u = \log r \\ v = \theta + 2k\pi, \ k \in \mathbb{Z}. \end{array} \right.$$

Le nombre comlexe w s'appelle logarithme du nombre complexe z, noté par

$$w = \log z = \log|z| + i(\arg z + 2k\pi) \quad k \in \mathbb{Z}, 0 \leq \arg z < 2\pi. \tag{4}$$

D'aprés (4) la fonction logarithmique est une fonction multiforme.

Pour $k = 0$, on a

$$\log z = \log |z| + i \arg z \quad , 0 \leq \arg z < 2\pi,$$

qui s'appelle, la valeur principale du logarithmique.

2) La dérivée de la fonction logarethmique, est donné par

$$(\log z)' = \frac{1}{z}, \forall |z| \neq 0, \ 0 < \arg z < 2\pi.$$

3) $e^{\log z} = z, \quad (z \neq 0, z \neq \infty)$.

4) $\log (z_1 z_2) = \log z_1 + \log z_2, \quad \left(z_i \neq 0, z_i \neq \infty, i = \overline{1.2}\right)$.

5) $\log \left(\frac{z_1}{z_2}\right) = \log z_1 - \log z_2, \quad \left(z_i \neq 0, z_i \neq \infty, i = \overline{1.2}\right)$.

6) $\log z^{\frac{1}{n}} = \frac{1}{n} \log z, \quad n = 1, 2, ... (z \neq 0, z \neq \infty)$.

Fonctions trigonométriques inverses

1) Soit z un nombre complexe, on cherche un nobmre complexe w qui vérifi l'équation suivante :

$$\sin w = z, \tag{5}$$

alors $w = \arcsin z$, c'est la fonction inverse de la fonction sin, de même pour $\arccos z, arctg\,(z)$ et $ar\cot g\,(z)$,..etc.

Ces fonctions sont donnée par les formule suivantes

$$\begin{aligned} \arcsin z &= \frac{1}{i} \log \left(iz + \sqrt{1 - z^2}\right), \ \arccos z = \frac{1}{i} \log \left(z + \sqrt{z^2 - 1}\right) \\ arctg\,(z) &= \frac{1}{2i} \log \left(\frac{1 + iz}{1 - iz}\right), \ ar\cot g\,(z) = \frac{1}{2i} \log \left(\frac{i + z}{z - i}\right). \end{aligned} \tag{6}$$

D'aprés (6), les fonctions trigonométriques inverses sont des fonctions multiformes.

Fonctions hyperboliques inverses

1) La fonction invese de sinus hyperbolique de z, est donné par la résolution de l'equation

$$sh\,(w) = z, \text{ avec } z \text{ donné}, \tag{7}$$

alors $w = \arg sh\,(z)$ de même pour $\arg ch\,(z)\,, \arg th\,(z)$ et $\arg cth\,(z)$ *...etc*

2) Les formules correspondent à ces fonctions, sont

$$\begin{aligned} \arg sh\,(z) &= \log\left(z+\sqrt{z^2+1}\right), \quad \arg ch\,(z)=\log\left(z+\sqrt{z^2-1}\right), \\ \arg th\,(z) &= \frac{1}{2}\log\left(\frac{1+z}{1-z}\right), \quad \arg cth\,(z)=\frac{1}{2}\log\left(\frac{z+1}{z-1}\right). \end{aligned} \tag{8}$$

3) D'aprés (8), les fonctions hyperbolique inverses sont des fonctions multiformes.

CHAPITRE 2

Séries entières

2.1 Series entières

Définition 2.1.1 *Une série entière est de la forme*

$$\sum_{n=0}^{\infty} c_n (z-z_0)^n = c_0 + c_1 (z-z_0) + c_2 (z-z_0)^2 + ...$$

où les c_n sont des coefficients complexes et z_0 et a sont des nombres complexes. C'est une série en puissances de $(z-z_0)$.

Et la question qui s'impose, quelles sont les caractéres de cette série en termes de convergence ou non, et la possibilité de les représenter dans un domaine par des fonctions ? la réponce est dans la suite.

2.1.1 Rayon de convergence, Domaine de convergence

Théorème 2.1.1 *Pour toute serie entière $\sum_{n=0}^{\infty} c_n (z-z_0)^n$, il existe un réelle $R \geq 0$, tel que*

$\star$ *La série est convergente pour tout $z : |z-z_0| < R$.*

$\star$ *La série est divergente pour tout $z : |z-z_0| > R$.*

Le nombre réelle R, s'appelle le rayon de convergence, et le disque de centre z_0 de rayon R, s'appelle le domaine de convergence.

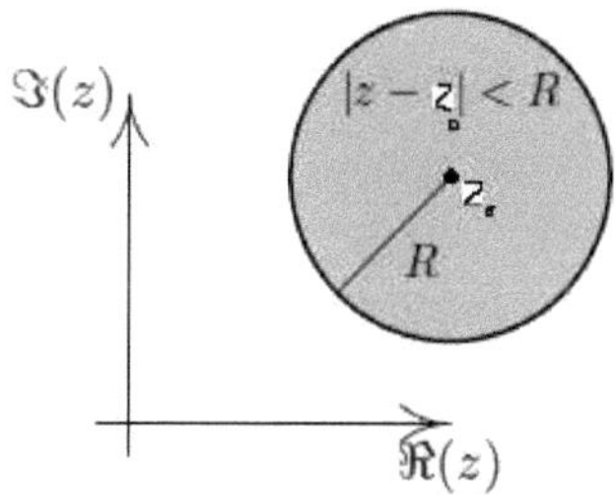

Corollaire 2.1.1 *Si $R = 0$, alors la série est convergente seulement pour $z = z_0$. Et pour $R = \infty$, dans ce cas la série est convergente sur $\mathbb{C}$.*

La série entière converge toujours dans un disque $|z - z_0| < R$ et diverge en dehors de ce disque. Dans le cas ou $|z - z_0| = R$, on utilise les critères de convergences pour les série de fonctions d'une façon générale.

On peut trouver le rayon de convergence R, par

$$\begin{aligned}
\frac{1}{R} &= \lim_{n\to\infty}\left|\frac{c_{n+1}}{c_n}\right| \text{ s'il existe,} \\
& \quad ou \\
\frac{1}{R} &= \lim_{n\to\infty}\sqrt[n]{|c_n|} \text{ s'il existe.}
\end{aligned}$$

Exemple 2.1.1 *Pour la serie entière $\sum_{n=0}^{\infty}\frac{2^n(z-i)^n}{n!}$, le rayon de convergence R donné par la limite suivane*

$$\begin{aligned}
\frac{1}{R} &= \lim_{n\to\infty}\left|\frac{c_{n+1}}{c_n}\right| \\
&= \lim_{n\to\infty}\left|\frac{2^{n+1}(z-i)^{n+1}}{(n+1)!}\times\frac{n!}{2^n(z-i)^n}\right| \\
&= \lim_{n\to\infty}\frac{2|(z-i)|}{n} = 0, \\
&\Rightarrow R = \infty.
\end{aligned}$$

Alors la serie entière $\sum_{n=0}^{\infty} \frac{2^n(z-i)^n}{n!}$ *est convergente pour tout z dans* $\mathbb{C}$.

Exemple 2.1.2 *De même pour* $\sum_{n=0}^{\infty} \frac{n^n(z+i)^n}{n!}$, *on a* $\left|\frac{c_{n+1}}{c_n}\right| = \left(\frac{n+1}{n}\right)^n = \left(1+\frac{1}{n}\right)^n$, *donc* $\frac{1}{R} = \lim_{n\to\infty}\left(1+\frac{1}{n}\right)^n = e$.

Alors la serie entière $\sum_{n=0}^{\infty} \frac{n^n(z+i)^n}{n!}$ *est convergente sur le disque ouvert* $D\left(-i, e^{-1}\right)$ *pour tout z dans* $\mathbb{C}$.

Théorème 2.1.2 *La série entière* $S(z) = \sum_{n=0}^{\infty} c_n\left(z-z_0\right)^n$ *est analytique sur le disque de convergence. de plus*

$$S'(z) = \sum_{n=0}^{\infty} nc_n\left(z-z_0\right)^{n-1}.$$

2.1.2 Développement en séries entières

Série de Taylor

Soit f une fonction holomorphe à l'intérieur d'une courbe C simplent fermée et sur C.

La série de Taylor ou ou développement de Taylor d'une fonction $f(z)$ au point $z = z_0$ dans C, est donné par

$$f(z) = f(z_0) + f'(z_0)(z-z_0) + \frac{1}{2}f''(z_0)(z-z_0)^2 + ... = \sum_{n=0}^{\infty} \frac{f^{(n)}(z_0)}{n!}(z-z_0)^n,$$

dans le cas ou $z_0 = 0$, est appellé la série de Maclaurin.

Exemple 2.1.3 *Au point* $z_0 = 0$

$$\begin{aligned} f(z) &= e^z = \sum_{n=0}^{\infty} \frac{z^n}{n!}, \\ f(z) &= \sin z = z - \frac{z^3}{3!} + \frac{z^5}{5!} - ..., \\ f(z) &= \cos z = 1 - \frac{z^2}{2!} + \frac{z^4}{4!} - ..., \end{aligned}$$

Proposition 2.1.1 *Le produit de deux séries entières* $\sum_{n=0}^{\infty} \alpha_n (z-z_0)^n$ *et* $\sum_{n=0}^{\infty} \beta_n (z-z_0)^n$ *est une série entière* $\sum_{n=0}^{\infty} \gamma_n (z-z_0)^n$ *telle que :*

$$\gamma_n = \sum_{k=0}^{n} \alpha_{n-k} \beta_k.$$

Théorème 2.1.3 *Si f est une fonction anlytique représenté par la série*

$$\sum_{n=0}^{\infty} c_n (z-z_0)^n,$$

pour toute z vérifie $|z-z_0| < R$, *alors*

$$c_n = \frac{f^{(n)}(z_0)}{n!}, \quad n = 0, 1, 2, ...$$

Exemple 2.1.4 *Trouvons une fonction analytique au point* $z_0 = 0$, *vérifie les conditions suivantes*

$$\begin{cases} f'(z) = -2if(z) \\ f(0) = 1 \end{cases}$$

Comme la fonction est analytique , donc il existe une représentation de f par la série de Maclaurin, alors $f(0) = 1$ *et* $f'(0) = -2if(0) = -2i$, *en suite* $f''(z) = -2if'(z) = (-2i)^2 f(z)$ *de même* $f'''(z) = (-2i)^3 f(z)$ *.....on conclur que* $f^{(n)}(0) = (-2i)^n f(0)$, *donc la fonction rechercher*

$$\begin{aligned} f(z) &= 1 - 2iz + \frac{(2i)^2}{2!} z^2 + \frac{(2i)^3}{2!} z^3 + ... \\ &= \sum_{n=0}^{\infty} \frac{(-2i)^n}{n!} z^n \\ &= e^{-2iz}. \end{aligned}$$

Série de Laurent

On appèlle la série donné par la formule suivante :

$$\sum_{n=-\infty}^{+\infty} c_n (z-z_0)^n, \qquad (\boxdot)$$

ou z_0 un point fixé dans le plan complexe et c_n des nombres complexes, par Série de Laurent.

la série $\sum_{n=-\infty}^{+\infty} c_n (z-z_0)^n$ est convergente si les deux séries suivante

$$\sum_{n=0}^{+\infty} c_n (z-z_0)^n, \qquad (\boxminus)$$

$$\text{et } \sum_{n=-\infty}^{-1} c_n (z-z_0)^n = \sum_{n=1}^{\infty} \frac{c_{-n}}{(z-z_0)^n}, \qquad (\boxplus)$$

sont convergentes.
La série $\sum_{n=0}^{+\infty} c_n (z-z_0)^n$ est convergente sur le disque ouvert $D(z_0, R)$, avec $R = \frac{1}{\lim\limits_{n\to\infty} \sqrt[n]{|c_n|}}$.
Maintenant on vas étudier la série $\sum_{n=1}^{\infty} \frac{c_{-n}}{(z-z_0)^n}$, soit $w = \frac{1}{z-z_0}$, alors

$$\sum_{n=-\infty}^{-1} c_n (z-z_0)^n = \sum_{n=1}^{\infty} c_{-n} w^n,$$

cette série est convergente pour $|w| < \alpha = \frac{1}{\lim\limits_{n\to\infty} \sqrt[n]{|c_{-n}|}}$, donc est convergente $|z-z_0| > \rho = \frac{1}{\alpha} = \lim\limits_{n\to\infty} \sqrt[n]{|c_{-n}|}$.

Remarque 2.1.1 *Si $\rho < R$, la série de Laurent est convergente sur $\mathcal{R} = \{z \in \mathbb{C} : \rho < |z-z_0| < R\}$, et divergente en dehors de cette région.*
Si $\rho > R$, la série de laurent est divergente.

Exemple 2.1.5 *Soit la série*

$$\sum_{n=-\infty}^{+\infty} 2^{-n^2} (z+1)^n.$$

On a $c_{-n} = 2^{-n^2}$ et $c_n = 2^{-n^2}$, donc $R = \frac{1}{\lim\limits_{n\to\infty} \sqrt[n]{2^{-n^2}}} = \infty$, et $\rho = \lim\limits_{n\to\infty} \sqrt[n]{|c_{-n}|} = 0$ alors la série est convergente sur $\mathcal{R} = \{z \in \mathbb{C} : 0 < |z+1| < \infty\}$.

Théorème 2.1.4 *Si f est analytique sur $\mathcal{R} = \{z \in \mathbb{C} : \rho < |z-z_0| < R\}$ alors*

$$f(z) = \sum_{n=-\infty}^{+\infty} c_n (z-z_0)^n,$$

de plus, ce dévelopement est unique.

Exemple 2.1.6 *Soit* $f(z) = \frac{1}{z^2+z-2}$, *la fonction* f *est analytique sur* $\mathbb{C}\setminus\{z_1 = 1, z_2 = -2\}$, *on vas présenté* f *sur trois région*

a) $|z| < 1.$

b) $1 < |z| < 2.$

c) $2 < |z|.$

$$f(z) = \frac{1}{z^2+z-2} = \frac{1}{3}\left(\frac{1}{z-1} - \frac{1}{z+2}\right).$$

Pour $|z| < 1$,

$$\begin{aligned} f(z) &= -\frac{1}{6}\frac{1}{1+\frac{z}{2}} - \frac{1}{3}\frac{1}{1-z} \\ &= -\frac{1}{6}\sum_{n=0}^{\infty}(-1)^n\frac{z^n}{2^n} - \frac{1}{3}\sum_{n=0}^{\infty}z^n. \end{aligned}$$

Pour $1 < |z| < 2$,

$$\begin{aligned} f(z) &= -\frac{1}{6}\frac{1}{1+\frac{z}{2}} - \frac{1}{3z}\frac{1}{1-\frac{1}{z}} \\ &= -\frac{1}{6}\sum_{n=0}^{\infty}(-1)^n\frac{z^n}{2^n} - \frac{1}{3z}\sum_{n=0}^{\infty}\left(\frac{1}{z}\right)^n \\ &= \frac{1}{3}\sum_{n=0}^{\infty}(-1)^{n+1}\frac{z^n}{2^{n+1}} - \frac{1}{3}\sum_{n=0}^{\infty}\frac{1}{z^{n+1}}. \end{aligned}$$

Pour $2 < |z|$

$$\begin{aligned} f(z) &= \frac{1}{3z}\frac{1}{1-\frac{1}{z}} - \frac{1}{3z}\frac{1}{1+\frac{2}{z}} \\ &= \frac{1}{3z}\sum_{n=0}^{\infty}\frac{1}{z^n} - \frac{1}{3z}\sum_{n=0}^{\infty}(-1)^n\frac{2^n}{z^n} \\ &= \frac{1}{3}\sum_{n=0}^{\infty}\frac{1-(-1)^n 2^n}{z^n+1}. \end{aligned}$$

CHAPITRE 3

Théorie de Cauchy

3.1 Theoreme de Cauchy

Dans ce chapitre, nous introduisons le théorème de Cauchy qui nous permet de simplifier le calcul de certaines intégrales de contour. Un deuxième résultat, connu sous le nom de formule intégrale de Cauchy, nous permet d'évaluer certaines intégrales de la forme

$$\oint_C \frac{f(z)}{z - z_0} dz, \text{ où } z_0 \text{ est à l'intérieur de } C.$$

3.1.1 Régions simplement connexe

Une région simplement connexe, nous voulons dire que toute courbe fermée dans cette région peut être réduite à un point sans qu'aucune partie de celle-ci ne quitte une région.
L'intérieur d'un carré ou d'un cercle sont des exemples de régions simplement connexes, voir la Figure 1 (a) et (b). Dans la Figure 1 (c), nous voyons que la région entre les deux cercles n'est pas simplement connexe. La courbe C_1 sera capable de contracter à un point mais la courbe C_2

ne le sera pas, en raison du trou en son centre.

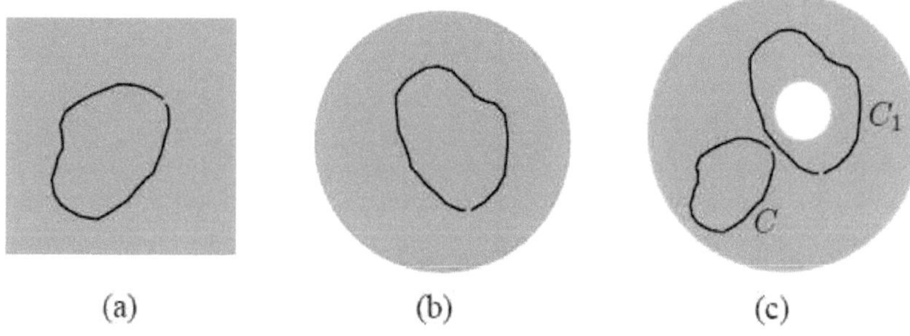

Figure1

3.1.2 Théorème de Cauchy

C'est peut-être le théorème le plus important dans le domaine de l'analyse complexe. Le théorème énonce comme suite :

Si $f(z)$ est analytique partout dans une région simplement connectée alors :

$$\oint_C f(z)\,dz = 0,$$

pour chaque chemin simplement fermé C situé dans une région.

Exemple 3.1.1 $\oint_{|z|=2} e^z\, dz = 0, \oint_C z^2\, dz = 0,$ *où C est le cercle d'unité, car les fonctions e^z et z^2 sont partout analytique.*

Considérons le contour représenté sur la figure 2 et supposons que $f(z)$ soit analytique partout sur et à l'intérieur du contour C.

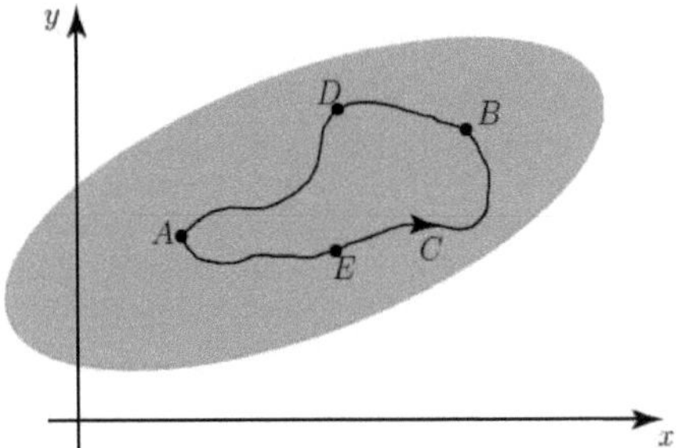

Figure2

Puis par analogie avec les intégrales de la ligne réelle

$$\int_{AEB} f(z)dz + \int_{BDA} f(z)dz = \oint_{C} f(z)\,dz = 0,$$

donc

$$\int_{AEB} f(z)dz = -\int_{BDA} f(z)dz = \int_{ADB} f(z)dz.$$

Cela implique que nous pouvons choisir n'importe quel chemin entre A et B et l'intégrale aura la même valeur si $f(z)$ est analytique dans la région concernée.

Nous étudions maintenant ce qui se passe lorsque le chemin fermé de l'intégration ne se trouve pas nécessairement dans une région simplement connexe. Considérez la situation décrite dans la Figure 3.

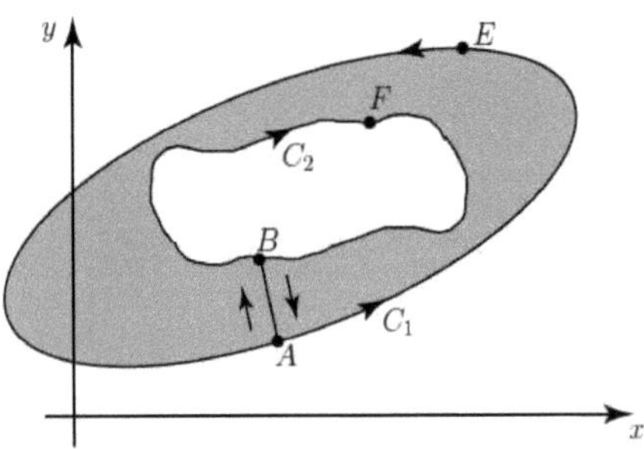

Figure3

Soit $f(z)$ analytique dans la région délimitée par les courbes fermées C_1 et C_2. La région est coupée par le segment de droite reliant A et B.

Considérons maintenant la courbe fermée $AEABFBA$ passant dans la direction indiquée par les flèches. Aucune ligne ne peut traverser la coupe AB et être considérée comme restant dans la région. En raison de la coupe, la région ombrée est simplement connexe. Le théorème de Cauchy s'applique donc $\int\limits_{AEABFBA} f(z)dz = 0$, puisque $f(z)$ est analytique dans et sur la courbe $AEABFBA$.

d'autre part $\int\limits_{AB} f(z)dz = -\int\limits_{BA} f(z)dz$, nous pouvons diviser la courbe fermée en sections plus petites :

$$\begin{aligned}\int\limits_{AEABFBA} f(z)dz &= \int\limits_{AEA} f(z)dz + \int\limits_{AB} f(z)dz + \int\limits_{BFB} f(z)dz + \int\limits_{BA} f(z)dz \\ &= \int\limits_{AEA} f(z)dz + \int\limits_{BFB} f(z)dz = 0.\end{aligned}$$

En déduire que $\int\limits_{C_1} f(z)dz - \int\limits_{C_2} f(z)dz = 0$, puisque nous supposons que les chemins fermés sont parcourus dans le sens antihoraire. Alors

$$\oint\limits_{C_1} f(z)dz = \oint\limits_{C_2} f(z)dz.$$

Ceci nous permet d'évaluer $\oint\limits_{C_1} f(z)dz$ en remplaçant C_1 par n'importe quelle courbe C_2 de sorte que la région entre eux ne contienne aucune singularité de $f(z)$. Souvent, nous choisissons un cercle pour C_2.

Exemple 3.1.2 *Detérminons* $\oint\limits_C \frac{6}{z(z-3)}dz$,*où* C *est la courbe* $|z-3|=5$

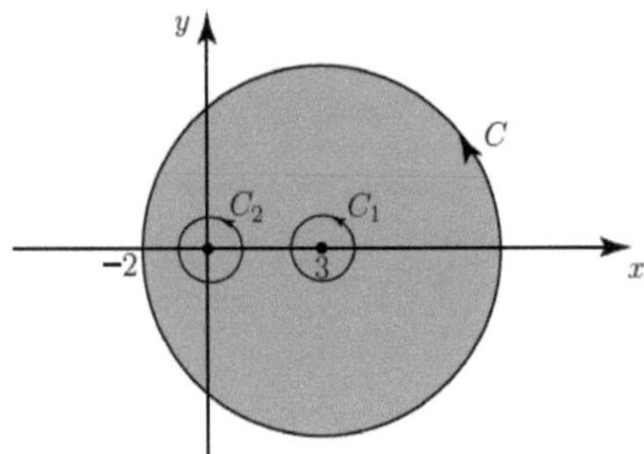

Figure4

Nous observons que $f(z)=\frac{6}{z(z-3)}$ *est analytique partout sauf à* $z=0$ *et* $z=3$. *Soit* C_1 *le cercle de rayon unitaire centré à* $z=3$ *et* C_2 *le cercle d'unité centré à l'origine. Alors*

$$\begin{aligned}\oint\limits_C \frac{6}{z(z-3)}dz &= \oint\limits_{C_1} \frac{6}{z(z-3)}dz+\oint\limits_{C_2} \frac{6}{z(z-3)}dz\\ &= \oint\limits_{C_1} \frac{2}{z-3}dz-\oint\limits_{C_1} \frac{2}{z}dz+\oint\limits_{C_2} \frac{2}{z-3}dz-\oint\limits_{C_2} \frac{2}{z}dz\\ &= I_1-I_2+I_3-I_4.\end{aligned}$$

Et comme la fonction $\frac{1}{z}$ *est analytique à l'intérieur et sur* C_1 *de sorte que* $I_2=0$. *De même* $I_3=0$.

D'autre part $\oint\limits_{C_1} \frac{2}{z-3}dz=4\pi i$ *et* $\oint\limits_{C_2} \frac{2}{z}dz=4\pi i$.

Par conséquent, $\oint\limits_C \frac{6}{z(z-3)}dz=4\pi i-0+0-4\pi i=0$

Exercice 3.1.1 **1-** *Évaluer* $\int\limits_{1+i}^{2+3i} \sin z dz$.

2- *Déterminer* $\oint\limits_C \frac{4}{z(z-2)}dz$,*où* C *est la courbe* $|z-2|=4$

3.2 Formule intégrale de Cauchy

3.2.1 Formule intégrale de Cauchy

Si $f(z)$ est analytique à l'intérieur et sur la frontière C d'une région simplement connexe alors pour tout point z_0 à l'intérieur de C,

$$\oint_C \frac{f(z)}{z - z_0} dz = 2\pi i \; f(z_0).$$

Exemple 3.2.1 *Evaluons* $\oint_C \frac{z}{z^2+1} dz$, *où* C *est le chemin (voir la figure 5) :*

a) $C_1 : |z - i| = \frac{1}{2}$

b) $C_2 : |z + i| = \frac{1}{2}$

c) $C_3 : |z| = 2.$

On a $z^2 + 1 = (z - i)(z + i)$

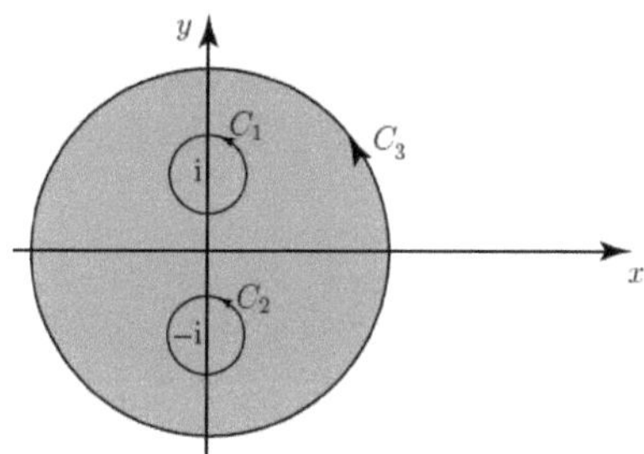

Figure5

a) $\oint_C \frac{z}{z^2+1} dz = \oint_{C_1} \frac{\frac{z}{z+i}}{z-i} dz$, est comme la fonction $\frac{z}{z+i}$ est analytique sur C_1 alors $\oint_C \frac{z}{z^2+1} dz = 2\pi i \left(\frac{i}{i+i}\right) = \pi i.$

b) De même $\oint_{C_2} \frac{z}{z^2+1} dz = \pi i.$

c) Pour $\oint\limits_{C_3} \frac{z}{z^2+1} dz = 2\pi i.$

3.3 Le dérivé d'une fonction analytique

Si $f(z)$ est analytique dans une région simplement connexe alors à tout point intérieur de la région, disons z_0, les dérivées de $f(z)$ de n'importe quel ordre existent et sont elles-mêmes analytiques.

Les dérivées au point z_0 sont données par la formule intégrale de Cauchy pour les dérivés :

$$f^{(n)}(z_0) = \frac{n!}{2\pi i} \oint\limits_{C} \frac{f(z)}{(z - z_0)^{n+1}} dz,$$

où C est le chemin simplement fermé dans la région autour de z_0.

Exemple 3.3.1 *Évaluons l'intégrale du contour*

$$\oint\limits_{C} \frac{z^3}{(z-1)^2} dz.$$

où C est un contour qui entoure le point $z = 1$. On applique la formule d'integrale de Cauchy, avec $z_0 = 1, n = 1, f(z) = z^3$ on trouve que $\oint\limits_{C} \frac{z^3}{(z-1)^2} dz = 6\pi i.$

Exercice 3.3.1 *Évaluons l'intégrale du contour*

$$\oint\limits_{C} \frac{z}{z^2+9} dz,$$

où C est le contour

a) $|z - 3i| = 1.$

b) $|z + 3i| = 1.$

c) $|z| = 6.$

CHAPITRE 4

Application

4.1 Equivalence entre holomorphie et Analycité

Théorème 4.1.1 *Soit $f : D \subset \mathbb{C} \to \mathbb{C}$, alors*

$$f \text{ est holomorphe } \iff f \text{ est analytique.}$$

Le terme analytique (plus employé par les physiciens que le terme holomorphe) est un synonyme du terme holomorphe.

4.2 Théorèmes principaux

Théorème 4.2.1 (*Théorème de maximum*) *Si $f(z)$ est une fontion analytique à l'interieur d'un courbe C simplement fermé et sur C, est qu'il n'est pas constante, alors le maximum de $|f(z)|$ est atteint sur C.**

Théorème 4.2.2 (*Théoreme de Liouville*) *Supposons que $\forall z \in \mathbb{C}$:*

1- *$f(z)$ est une fontion analytique,*

2- *$f(z)$ est borné.*

Alors $f(z)$ est constante.

Soit a et b deux points quelconques du plan complexe $\mathbb{C}$, considérons le cercle C de rayon r centré en a et contenant le point b. On a d'aprés la formule intégrale de Cauchy

$$\begin{aligned} f(b)-f(a) &= \frac{1}{2\pi i}\oint_C \frac{f(z)}{z-b}dz - \frac{1}{2\pi i}\oint_C \frac{f(z)}{z-a}dz \\ &= \frac{(b-a)}{2\pi i}\oint_C \frac{f(z)}{(z-b)(z-a)}dz. \end{aligned}$$

D'autre part

$$\begin{aligned} |z-a| &= r, \\ |z-b| &\geq |z-a|-|a-b| \\ &\geq r-|a-b| \geq \frac{r}{2}. \end{aligned}$$

Donc

$$\begin{aligned} |f(b)-f(b)| &\leq \frac{|b-a|}{2\pi i}\oint_C \frac{|f(z)|}{|z-b|\,|z-a|}dz \\ &\leq \frac{2M\,|b-a|}{r}. \end{aligned}$$

Si $r \to \infty$ on voit que $|f(a)-f(b)| = 0$, c-à-d $f(a) = f(b)$ ce qui donne que f est constante.

Théorème 4.2.3 (*Théoreme de Rouché) Soient $f(z)$ et $g(z)$ sont des fontions analytiques à l'interieur d'un courbe C simplement fermé et sur C, et si $|g(z)| < |f(z)|$ sur C, alors $f(z)+g(z)$ et $f(z)$ ont le même nombre de zéro à l'interieur de C.*

Exemple 4.2.1 *Les racines de l'équation $z^7 - 5z^3 + 12 = 0$ sont situées entre les cercles $|z| = 1$ et $|z| = 2$. Car d'aprés le théorème de Rouché, si $f(z) = 12$ et $g(z) = z^7 - 5z^3$ on a $|g(z)| < |f(z)|$ donc $f(z)+g(z) = z^7 - 5z^3 + 12$ a de même nombre de zéro à l'interieur de $|z| = 1$ que $f(z) = 12$, c-à-d il n y a pas de zéro à l'interieur du cercles $|z| = 1$.*

Si $f(z) = z^7$ et $g(z) = -5z^3 + 12$ on a $|g(z)| < |f(z)|$ donc $f(z)+g(z) = z^7 - 5z^3 + 12$ a de même nombre de zéro à l'interieur de $|z| = 2$ que $f(z) = z^7$, c-à-d tous les zéros sont dans le cercles $|z| = 2$.

4.3 Les Résidus

Résidus

Soit f une fontion analytique et uniforme à l'interieur d'un courbe C et sur C, exepté au point $z = a$ centre de C, alors f possède un dévelopement en série de Laurent dans le voisinage de $z = a$, donné par

$$\begin{aligned} f(z) &= \sum_{n=-\infty}^{n+\infty} c_n (z-a)^n \\ c_n &= \frac{1}{2\pi i} \oint_C \frac{f(z)}{(z-a)^{n+1}} dz. \end{aligned}$$

Dans le cas $n = -1$, nous avons $\oint_C f(z)\, dz = 2\pi i \times c_{-1}$.

On appelle c_{-1} le résidu de f en $z = a$.

Calcul des résidus

Le résidu de $f(z)$ en $z = a$, ou z est un pole d'ordre k, est donnée par

$$c_{-1} = \lim_{z \to a} \frac{1}{(k-1)!} \frac{d^{k-1}}{dz^{k-1}} \left((z-a)^k f(z) \right).$$

Si $k = 1$, alors

$$c_{-1} = \lim_{z \to a} (z-a) f(z).$$

Exemple 4.3.1 *Soit* $f(z) = \frac{z}{(z-1)(z+1)^2}$, *alors* $z = 1$, *et* $z = -1$, *sont particulièrement des pole d'ordre 1 et 2,*

Residu en $z = 1$, $Res[f(z), 1] = c_{-1} = \lim_{z \to a} (z-1) f(z) = \frac{1}{4}$,

Residu en $z = 2$, $Res[f(z), 2] = c_{-1} = \lim_{z \to a} \frac{d}{dz} \left((z-a)^2 f(z) \right) = \frac{1}{4}$.

Exemple 4.3.2 *Soit* $f(z) = e^{\frac{-1}{z}}$, *alors* $z = 0$ *est un point singulière, d'aprés le dévelopement de* e^u *avec* $u = \frac{-1}{z}$, *on trouve*

$$e^{\frac{-1}{z}} = 1 - \frac{1}{z} + \frac{1}{2!z^2} - \frac{1}{3!z^3} + \dots.$$

Le résidu au point $z = 0$ *c'est le coeficient de* $\frac{1}{z}$ *qui est égale* -1.

Théorème 4.3.1 *(Théorème fondamental du Résidu) Si f une fontion analytique et uniforme à l'interieur d'un courbe C et sur C, exepté au des poins $z_1, z_2, ..., z_n$ dans C, alors*

$$\oint_C f(z)\,dz = 2\pi i \sum_{k=1}^{n} Res\left[f(z), z_i\right],\ i = 1, 2...$$

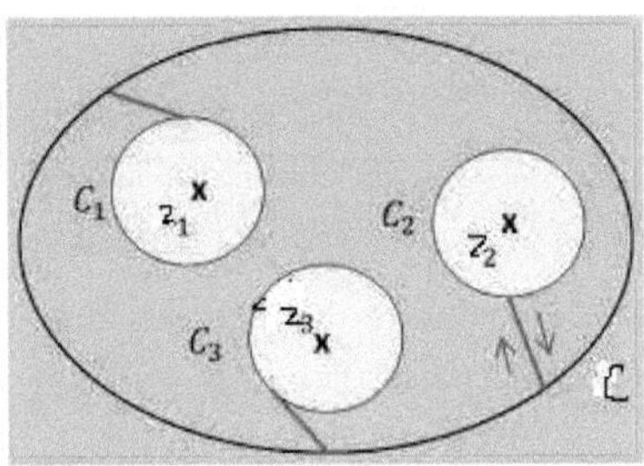

Figure6

Exemple 4.3.3 *calculons l'integrale*

$$\oint_C \frac{dz}{(z-1)^2(z^2+1)},$$

avec C c'est $|z-1-i| < 2$.

La fonction $f(z) = \frac{1}{(z-1)(z^2+1)}$ est analytique dans C sauf au points $z_1 = 1$, $z_2 = i$, $z_3 = -i$, dans C il y a que $z_1 = 1$et $z_2 = i$ alors d'aprés le Théorème fondamental du Résidu, on a :

$$\oint_C \frac{dz}{(z-1)^2(z^2+1)} = 2\pi i \left(Res\left[f(z), 1\right] + Res\left[f(z), i\right]\right),$$

et comme

$$\begin{aligned} Res\left[f(z), 1\right] &= \lim_{z\to 1}\frac{d}{dz}\left((z-1)^2 f(z)\right) = \lim_{z\to 1}\frac{d}{dz}\left(\frac{1}{(z^2+1)}\right) = -\frac{1}{2}, \\ Res\left[f(z), i\right] &= \lim_{z\to i}\left((z-i) f(z)\right) = \lim_{z\to 1}\left(\frac{1}{(z-1)^2(z+i)}\right)' = \frac{1}{4}, \end{aligned}$$

d'ou

$$\oint_C \frac{dz}{(z-1)^2(z^2+1)} = 2\pi i\left(-\frac{1}{2}+\frac{1}{4}\right), = -\frac{\pi}{2}i.$$

Calcul d'integrales

1 L'integrale $\int_{-\infty}^{+\infty} F(x)\,dx$ avec F est une fonction rationnelle.

On concidère $\oint_C F(z)\,dz$ ou C est le contour formé d'une portion de l'axe des x de $-R$ à $+R$ et de demi-cercle Γ du demi-plan supérieur $y>0$, on tendre R vers ∞.

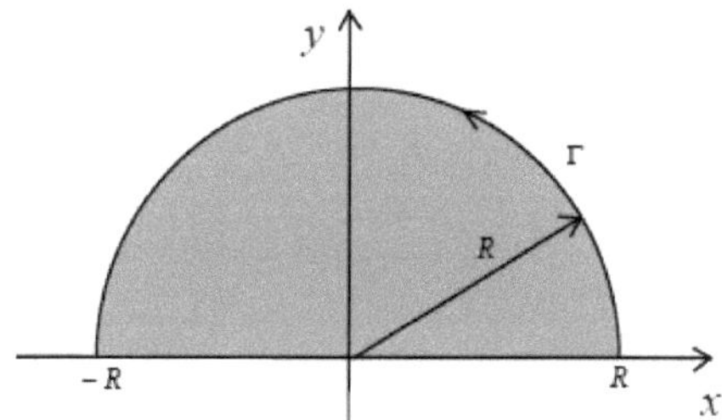

Si F est paire cette méthode peut etre utilisée pour calculer $\int_0^{+\infty} F(x)\,dx$.

Exemple 4.3.4 *Evaluons* $\int_0^{+\infty} \frac{dx}{x^6+1}$.

On considère $\frac{dz}{z^6+1}\oint_C z$, ~~ou~~ C *est le contour formé du segment de* $-R$, $+R$ *et du demi-cercle* Γ *decrit dans le sens direct. puisque* $z^6+1=0$ *pour* $z=e^{\pi i/6}, e^{3\pi i/6}, e^{5\pi i/6}, e^{7\pi i/6}, e^{9\pi i/6}, e^{11\pi i/6}$

ces valeurs de z sont des poles simples de $\frac{1}{z^6+1}$,

$$\oint_C \frac{dz}{z^6+1}dz = 2\pi i \left\{ Res\left(e^{\pi i/6}\right) + Res\left(e^{3\pi i/6}\right), Res\left(e^{5\pi i/6}\right) \right\}$$
$$= 2\pi i \left\{ \frac{1}{6}e^{-5\pi i/6} + \frac{1}{6}e^{-5\pi i/2} + \frac{1}{6}e^{-25\pi i/6} \right\}$$
$$= \frac{2\pi}{3}.$$

Donc on déduit que $\int_0^{+\infty} \frac{dx}{x^6+1} = \frac{1}{2}\int_{-\infty}^{+\infty} \frac{dx}{x^6+1} = \frac{\pi}{3}$.

2 $\int_0^{2\pi} G(\sin\theta, \cos\theta)\, d\theta$

dans ce cas on pose, $z = e^{i\theta}$, alors $\sin\theta = \frac{z-z^{-1}}{2i}$, $\cos\theta = \frac{z+z^{-1}}{2}$ et $dz = ie^{i\theta}d\theta$ ou $d\theta = \frac{dz}{iz}$, donc l'intégrale donnée est égale à $\oint_C F(z)\, dz$ tel que $\oint_C F(z)\, dz$ unité centré à l'origine.

Exemple 4.3.5 $\int_0^{2\pi} \frac{d\theta}{a+b\sin\theta} = \frac{2\pi}{\sqrt{a^2-b^2}}$ *si* $a > |b|$, *(Exercice).*

3 $\int_{-\infty}^{+\infty} F(x)\{\sin mx, \cos mx\}\, dx$;

dans ce cas on considère $\oint_C F(z)\, e^{imz} dz$ ou C est le cercle contour que de 1.

Exemple 4.3.6 $\int_0^{2\pi} \frac{\cos mx}{x^2+1}dx = \frac{\pi}{2}e^{-m}$ *avec* $m > 0$, *(Exercice).*

CHAPITRE 5

Fonctions Harmoniques

Définition 5.0.1 *On dit que la fonction $G(x,y)$ est harmonique sur une région D, si $G \in C^2$, et ses dérivés partielle d'ordre 2 paraport x et y vérifient l'equation de laplace, c-à-d*

$$\Delta G = \frac{\partial^2 G}{\partial x^2}(x,y) + \frac{\partial^2 G}{\partial y^2}(x,y) = 0, \forall (x,y) \in D.$$

Exemple 5.0.7 *Soit a fonction $G(x,y) = x^2 - y^2 + xy$, on a :*

$$G \in C^2, \text{ et } \begin{cases} \frac{\partial G}{\partial x}(x,y) = 2x + y \Longrightarrow \frac{\partial^2 G}{\partial x^2}(x,y) = 2 \\ \frac{\partial G}{\partial y}(x,y) = -2y + x \Longrightarrow \frac{\partial^2 G}{\partial x^2}(x,y) = -2 \end{cases}$$

donc $\Delta G = \frac{\partial^2 G}{\partial x^2}(x,y) + \frac{\partial^2 G}{\partial y^2}(x,y) = 2 - 2 = 0, \forall (x,y) \in \mathbb{R}^2$.
Alors G est harmonique.

5.1 Quelques propriétés de base des fonctions harmoniques

Théorème 5.1.1 *S i la fonction $f(z) = u(x,y) + iv(x,y)$ est analytique sur une région D, alors les deux fonctions $u(x,y)$ et $iv(x,y)$ sont harmoniques sur D.*

Remarque 5.1.1 *Si u et v deux fonctions harmoniques sur D, et ses dérivées partielles d'ordre 1 vérifient les équations de Cauchy-Reimann, alors v s'appelle le conjugué harmonique de u.*

Exemple 5.1.1 *Trouvons une fonction analytique* $f(z) = u(x,y) + iv(x,y)$ *si* $u(x,y) = 2x(1-y)$ *et* $f(0) = 0$.

D'après le théorème précident, u *est harmoniques, en effet* $\frac{\partial^2 u}{\partial x^2} + \frac{\partial^2 u}{\partial y^2} = 0 + 0 = 0$.

D'autre part, on à d'aprés les équations de Cauchy-Reimann,

$$\begin{cases} \frac{\partial u}{\partial x} = \frac{\partial v}{\partial y} \\ \frac{\partial u}{\partial y} = -\frac{\partial v}{\partial x} \end{cases} \Longleftrightarrow \begin{cases} 2(1-y) = \frac{\partial v}{\partial y} \\ 2x = \frac{\partial v}{\partial x} \end{cases}$$

$$\Longleftrightarrow \begin{cases} v(x,y) = 2y - y^2 + \varphi(x) \\ \frac{\partial v}{\partial x} = 2x \end{cases}$$

$$\Longleftrightarrow \begin{cases} v(x,y) = 2y - y^2 + \varphi(x) \\ \varphi'(x) = 2x \end{cases}$$

$$\Longleftrightarrow v(x,y) = 2y - y^2 + x^2 + c.$$

alors $f(z) = 2x(1-y) + i(2y - y^2 + x^2 + c)$.

On remplace x *et* y *par* $\frac{z+\bar{z}}{2}$ *et* $\frac{z-\bar{z}}{2i}$*respéctivement, nous trouvons que* $f(z) = iz^2 + 2z + ic$

la condition $f(0) = 0$, *donne que* $c = 0$.

D'ou, la fonction rechercher c'est : $f(z) = iz^2 + 2z$.

Théorème 5.1.2 *Pour toute fonction harmonique* u *sur un domaine simplement connexe* D, *on peut trouver son conjugué par la formule suivante :*

$$v(x,y) = \int_{(x_0,y_0)}^{(x,y)} -\frac{\partial u}{\partial y}(x,y)\,dx + \frac{\partial u}{\partial x}(x,y)\,dy + c, \; c \in \mathbb{R},$$

avec (x_0, y_0) *un point de* D, *fixé et* (x,y) *un point arbitraire.*

Exemple 5.1.2 *Soit* $u(x,y) = x^3 + 6x^2y - 3xy^2 - 2y^3$, *le conjugué* $v(x,y)$:

$$\begin{aligned} v(x,y) &= \int_{(0,0)}^{(x,y)} -\frac{\partial u}{\partial y}(x,y)\,dx + \frac{\partial u}{\partial x}(x,y)\,dy + c \\ &= \int_{(0,0)}^{(x,y)} \left(-6x^2 + 6xy + 6y^2\right)dx + \left(3x^2 + 12xy - 3y^2\right)dy + c \\ &= -2x^3 + 3x^2y + 6xy^2 - y^3 + c, \end{aligned}$$

c'est facile de vérifier que $f(z) = (1-2i)\,z^3 + ic$.

BIBLIOGRAPHIE

[1] Murray R. Spiegel. Variables complexes cours et problemes, serie schaum, Rensselaer Polytechn. Institute. 1973

[2] Jean Kuntzmann. Variable complexe. hermann, Paris, 1967.Manuel de deuxième cycle.

[3] Serge lang. Complex analysis, Fourth edition Springer 1927

[4] Walter Rudin. Analyse réelle etcomplexe. Masson. Paris, 1975. Manuel de deuxième cycle.

Printed by Books on Demand GmbH, Norderstedt / Germany